RÉPUBLIQUE FRANÇAISE
LIBERTÉ - ÉGALITÉ - FRATERNITÉ

GOUVERNEMENT GÉNÉRAL DE L'AFRIQUE OCCIDENTALE FRANÇAISE

COLONIE DE LA COTE D'IVOIRE

SITUATION

DE LA

CULTURE DU COTONNIER

ET DE LA

PRODUCTION DU COTON

au 15 Octobre 1916

Bingerville. — Imprimerie du Gouvernement

1917

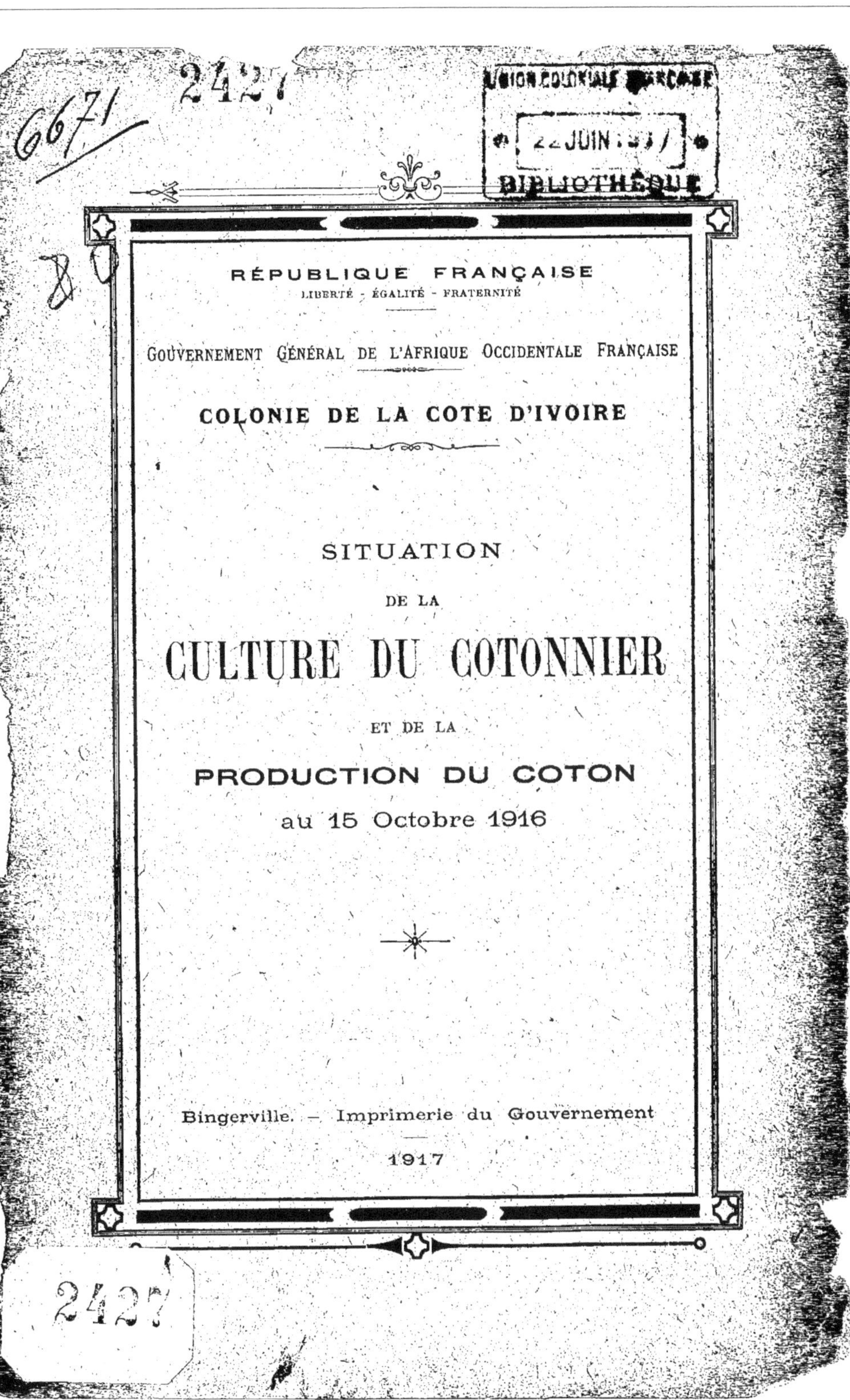

RÉPUBLIQUE FRANÇAISE

LIBERTÉ - ÉGALITÉ - FRATERNITÉ

GOUVERNEMENT GÉNÉRAL DE L'AFRIQUE OCCIDENTALE FRANÇAISE

COLONIE DE LA COTE D'IVOIRE

SITUATION

DE LA

CULTURE DU COTONNIER

ET DE LA

PRODUCTION DU COTON

au 15 Octobre 1916

Bingerville. — Imprimerie du Gouvernement

1917

AVANT-PROPOS

La brochure sur la situation actuelle du cacaoyer et sur ses perspectives d'avenir a rencontré dans les milieux coloniaux et commerciaux un accueil qui encourage l'Administration locale à publier une brochure semblable sur la culture du cotonnier.

La culture du cotonnier n'avait donné lieu, jusqu'à ces dernières années, dans les régions de la colonie où elle est possible et où elle existe depuis longtemps, qu'à une fabrication purement familiale des tissus nécessaires à l'habillement, en général rudimentaire, des populations et par suite qu'à des transactions locales.

C'est vers 1908 que mon administration s'est résolue, pour répondre à l'appel de l'Association Cotonnière Coloniale, à développer la culture du cotonnier de telle sorte que, tout en pourvoyant aux besoins des industries familiales, qu'il ne saurait être question de faire disparaître, elle permette, après égrenage et pressage sur place, une exportation croissante d'année en année.

En tentant cet essai, je poursuivais un double but : d'une part fournir à l'industrie textile française une partie, minime mais appréciable cependant, de la matière première qu'elle va chercher à l'étranger ; d'autre part, créer dans les régions du Nord et du centre de la colonie qui sont privées des produits riches de la zone sylvestre (bois, colas, cacao, café, huile, palmiste,) un produit d'exportation suffisamment rémunérateur.

L'insuccès des introductions de coton étranger ayant été démontré dans d'autres colonies, service technique et Commandants de cercle se sont appliqués à sélectionner les meilleures espèces indigènes, à démontrer aux indigènes la supériorité des rendements pour l'égrenage de l'outillage européen, à développer les cultures au delà des besoins locaux, de façon à faire baisser les prix restés jusqu'alors trop élevés pour l'exportation. Telle fut l'œuvre des années 1909 à 1912. On ne pouvait en effet, tant que le rail ne serait pas arrivé à Bouaké, songer à évacuer sur les ports un produit aussi encombrant.

Les premières difficultés sont aujourd'hui vaincues, il a été exporté :

18 Tonnes en 1913 ;
73 — en 1914 ;
95 — en 1915 ;
et on produira 400 — environ en 1916.

La Colonie compte maintenant deux usines à vapeur placées respectivement à Dimbokro et à Bouaké et 5 usines à bras placées à Yamoussoukro, Dabakala, Koroko, Bondoukou, Séguéla.

Ces résultats sont appréciables, mais les perspectives d'avenir sont plus encourageantes encore, car au fur et à mesure que le rail se dirigera dans l'Ouest jusqu'au Bandama, et dans le Nord vers les régions soudanaises et peut-être auparavant, des usines à vapeur remplaceront les usines à bras à Yamoussoukro, Kanangono, Tafiré, etc..

Essais tentés et déboires subis, efforts poursuivis, résultats obtenus, perspectives d'avenir, vont être exposés en détail par M. le Chef du Service de l'Agriculture, après le tableau succinct que je viens de tracer.... Je veux seulement dégager cette conclusion que, dans un pays neuf, aux populations primitives et peu laborieuses, il ne faut pas escompter un succès rapide et que le succès n'est que le fruit d'un long et patient effort. C'est une guerre d'usure qui se poursuit contre l'ignorance et l'inertie des hommes, contre les forces mauvaises de la nature, et la victoire appartient finalement à celui qui a pu durer ; aussi je tiens à remercier ici tous ceux, Chefs bienveillants et Amis vigilants qui ont assuré à mon action le bénéfice de cet élément essentiel du succès : le temps.

Bingerville, le 3 juin 1916.

ANGOULVANT.

La culture indigène

Etat de la culture indigène avant 1912.

La culture du cotonnier a été vraisemblablement introduite dans le Nord de la Côte d'Ivoire par la voie du Soudan. De nos jours encore ce sont les habitants des gros villages Dioulas qui forment la majeure partie des tisserands colporteurs de bandes de guinées. Il est vrai cependant, que ces artisans médiocres cultivateurs se bornent, le plus souvent, à acheter le coton égrené ou les pelotes de fils sur les marchés où se rendent les véritables producteurs, tous gens appartenant aux races les plus anciennement fixées dans le pays. Parmi celles-ci d'ailleurs, chaque famille possède un ou plusieurs de ses membres qui exercent le métier de tisserand de village. Il en est de même au Baoulé, où cependant le pagne fabriqué d'une écorce d'arbre battue est toujours d'un usage fréquent.

Cultivé encore dans la savane du Baoulé entre-coupée d'îlots de forêts, le cotonnier devient plus rare dans la zone sylvestre proprement dite. Il disparaît graduellement vers le Sud et n'existe plus au voisinage de la Côte, où les tissus européens remplacent presque complètement les pagnes indigènes.

Cette substitution d'un article européen à un article indigène, déjà ancienne sur le littoral s'opère avec plus de lenteur dans l'arrière pays. La barrière naturelle qu'oppose la forêt et l'hostilité maintenant vaincue de ses habitants, ont grandement retardé la pénétration commerciale du Baoulé et des pays situés plus au Nord. L'emploi des articles de fabrication indigène et par suite la production des matières premières nécessaires à leur confection, le coton entre autre, ont donc jusqu'à nos jours conservé dans ces régions une importance plus grande que dans les pays voisins du golfe de Guinée.

Cette importance est d'ailleurs toute relative. Les champs un tant soit peu vastes, consacrés au cotonnier seul, sont plutôt l'exception, bien qu'il s'en trouve encore quelques-uns vers Touba et Séguéla. Le plus souvent le cotonnier est cultivé en mélange avec les plantes alimentaires ; les buttes d'ignames entre autres en portent toujours une ou plusieurs touffes.

**

Les variétés de cotonnier cultivées à la Colonie doivent être dérivées des espèces fondamentales : *G. arboréum*, *G. hirsutum* et *G. religiosum*. Elles sont très difficiles à déterminer exactement. Les noms vernaculaires changent avec chaque région ou bien le même type a plusieurs synonymes dans un seul dialecte.

Cette confusion dans les appellations tient au fait que les cotonniers indigènes n'appartiennent en réalité à aucun type fixe ; tous sont des hybrides en voie de variation continuelle, n'ayant par conséquent aucun caractère distinctif stable. L'énumération des noms indigènes sous lesquels ils sont connus ne présente donc qu'un faible intérêt.

Dans certaines régions cependant, les mélanges ont été plus restreints et quelques types se sont perpétués en conservant mieux leurs principaux caractères particuliers. C'est par exemple le cas du cotonnier à graines lisses et indépendantes de la province des soundos du cercle du Baoulé, qui a été utilisé comme point de départ pour la formation d'un type amélioré.

Dans leur ensemble les cotonniers indigènes se distinguent par une longue durée de la végétation sauf pour quelques sortes franchement soudanaises, et un fort développement de la tige et des branches si les pluies sont suffisamment abondantes. Ils résistent mieux à la sécheresse et aux maladies que les variétés américaines ou égyptiennes, mais sont moins productifs qu'elles et donnent un rendement en fibre moins élevé ; ils ont surtout des soies de moindre qualité, et de longueur très irrégulière sur une même graine. Cette dernière particularité est l'inconvénient le plus sérieux que l'industrie du tissage reproche aux sortes ouest africaines.

Si l'on ajoute à ces défauts, l'imperfection des méthodes indigènes de culture, l'extrême variabilité de l'abondance et de la répartition des pluies dans les pays de production, on voit que les champs de cotonniers doivent donner un rendement peu élevé et très variable d'une année à l'autre.

Il semble donc à première vue que les variétés indigènes ne puissent être avantageusement utilisées pour alimenter une production cotonnière stable de quelqu'importance. Aussi songea-t-on dès 1902, à introduire les variétés améliorées d'origine américaine et même égyptienne. Des essais furent poursuivis jusqu'en 1908 à Touba, Séguéla, Bouaké et dans divers postes du Baoulé. Il n'est guère possible de savoir exactement dans quelles conditions ils furent entrepris et, des échecs obtenus, il ne faut retenir qu'une chose : la preuve des difficultés que présente l'introduction dans un pays des variétés culturales d'une plante adaptée à un milieu différent et bien défini. Les essais de cette nature sont extrêmement délicats, ils nécessitent des études préliminaires trop souvent négligées ou dont l'utilité est ignorée par les personnes qui les entreprennent. Ce qui a été fait dans cette voie à la Côte d'Ivoire n'est donc cité ici que pour mémoire.

*
* *

Vers la fin de 1908, lorsque le Gouvernement de la Colonie décida de développer la culture du cotonnier, pour créer des ressources aux populations du Baoulé, on fut donc dans l'obligation de recourir aux variétés indigènes, mais on envisagea dès le début la nécessité de poursuivre plus tard leur amélioration par le moyen de la sélection. Cette conception était parfaitement réalisable.

L'Association Cotonnière coloniale avait déjà reconnu que les cotons soudanais qu'elle achetait depuis plus de deux ans au Haut-Sénégal et Niger, pouvaient très bien être exportés en France et employés par la filature. Ceux de la Côte d'Ivoire dont les qualités furent mises en relief par les expertises faites à cette époque, devaient pouvoir donner des résultats aussi bons.

Le Gouvernement local entra de suite en rapport avec l'Association Cotonnière coloniale. Celle-ci conseilla de s'attacher à cultiver les variétés les « mieux appropriées au « sol et susceptibles d'être produites le plus facilement et le « plus régulièrement en quantité commerciale d'au moins « 5.000 à 10.000 kilogrammes de fibres nettes ». En même temps cette association envoyait pour la préparation des premières récoltes, de petites égreneuses à 13 scies à bras.

Pendant cette période, qui va de 1908 à 1912, des enquêtes sont menées dans les cercles pour établir la situation exacte de la production cotonnière. Elles établirent que si le coton donnait lieu à des transactions locales intéressantes il était encore obtenu en trop faible quantité pour alimenter un commerce d'exportation de quelqu'importance. De plus, l'expérience prouva rapidement que les égreneuses à bras, avaient un rendement trop faible pour assurer l'égrenage de récoltes tant soit peu considérables.

Or en 1912, le chemin de fer après avoir traversé le Baoulé, était sur le point d'atteindre à Bouaké la région cotonnière proprement dite. Il fallait lui trouver des éléments de trafic capables de fournir un tonnage appréciable à la descente. Le coton était tout indiqué.

De nouveaux pourparlers sont donc entamés sans retard avec l'Association Cotonnière coloniale, pour la construction à Bouaké d'une usine mécanique d'égrenage et de pressage en balles du coton. Ils aboutirent rapidement et le montage de la machinerie commença dès la fin de 1912.

* *

EXTENSION DE LA CULTURE A PARTIR DE 1912.

Pour alimenter cette nouvelle usine, il était nécessaire d'intensifier la culture du cotonnier.

Les premiers efforts portèrent naturellement sur le district de Bouaké. Le service local acquit au début de 1912 un lot de 6.000 kilogrammes de coton qui fut égrené avec des appareils à bras. Les semences obtenues furent aussitôt distribuées dans les villages environnants. Il fut ainsi possible de réunir au début de 1913 à la nouvelle usine, dont le montage avançait, une première récolte de 120 tonnes de coton brut, comprenant quelques petits lots de Koroko et Dabakala.

En 1914 la culture reçut une impulsion plus vive encore et la récolte rassemblée à Bouaké au 30 juin atteignit 360 tonnes des provenances ci-dessous :

District de Bouaké	132.670 kgr.
— de Béoumi	174.576
— de Tiébissou	48.417
Dabakala, Koroko etc.	5.000

Ces quantités, au prix d'achat de 0,25 à 0ʳ30 le kilogramme représentent une somme de 102.000 francs laissée dans le pays.

De plus, l'arrivée de nouveau matériel à bras, permit de créer de petites stations d'égrenage à Dimbokro et Yamoussoukro pour le traitement des premières récoltes qui y furent obtenues : 19.947 kilogrammes dans le premier centre et 9.100 dans le second.

La récolte totale pour l'année 1914 s'éleva donc à 389.047 kilogrammes.

Ces résultats conduisirent à étendre aux cercles du Baoulé-Sud et du N'Zi-Comoé (aujourd'hui fusionnés) et dans une moindre proportion à ceux des Tagouanas et de Koroko, l'extension rapide de la culture cotonnière. Malheureusement, l'année 1914 fut affligée d'une sécheresse qui eut des effets désastreux sur presque toutes les cultures. La végétation des cotonniers fut mauvaise et la récolte bien inférieure à ce qu'elle aurait dû être, surtout étant donné l'étendue des ensemencements qui avaient été faits. Elle atteignit au total 227.238 kilogrammes se décomposant comme suit :

Baoulé-Nord (Bouaké)............ 82.651 kgr.
N'Zi-Comoé (Dimbokro)........... 69.295
Tagouanas (Bouaké).............. 38.813
Baoulé-Sud (Yamoussoukro) 23.479
Koroko.......................... 12.000

Les noms entre parenthèses sont ceux des centres d'égrenage et d'emballage.

*
* *

Les rendements furent cette année-là comparativement meilleurs dans le Baoulé-Sud et le N'Zi, mieux partagés pour les pluies que les pays plus septentrionaux. On fut ainsi conduit à augmenter encore l'importance de la production du coton dans ces premières régions, et à demander à l'Association Cotonnière coloniale l'envoi d'une seconde usine pour Dimbokro. A l'heure actuelle celle-ci, dont l'expédition fut malheureusement retardée par la guerre européenne est en mesure d'égrener plus de 1000 tonnes de coton brut par année.

Grâce à l'abondance et à la régularité des pluies en 1915 les cotonneraies se sont développées dans d'excellentes conditions et la récolte effectuée en 1916 s'élève aux chiffres du tableau ci-après :

LIEU D'ÉGRENAGE	LIEU DE PRODUCTION	QUANTITÉS
		kilogr.
Bouaké	Cercle du Baoulé	568.225
	— des Tagouanas (Daraka-londougou)	122.196
	— du Ouorodougou (Mankono)	28.699
Dabakala	Cercle des Tagouanas moins district Darakalondougou .	30.000
Séguéla	Cercle du Ouorodougou (district Séguéla)	33.000
	— du Ouorodougou (district Mankono).	20.000
Koroko	Cercle de Kong.	90.000
Yamoussoukro . . .	Cercle du N'Zi (district Yamoussoukro)	75.000
Dimbokro	Cercle du N'Zi — dist. Ouellé . .	27.000
	— Toumodi .	96.000
	— Bongouanou. .	54.000
	— Bocanda et Dimbokro. .	73.000
	Total. . .	1.217.221 k de coton brut.

M. le Gouverneur Angoulvant, a prescrit aux Administrateurs des cercles intéressés, de donner aux semis de 1916 une importance telle, que la récolte totale puisse dépasser plusieurs milliers de tonnes. Les champs doivent notamment atteindre 3.000 hect. dans les cercles de Séguéla, Koroko, Dabakala, du Baoulé et du N'Zi. De plus, de nouvelles régions sont entrées dans le mouvement cotonnier, Vavoua, Zuénoula et Touba.

On verra dans un paragraphe suivant, ce que l'expérience a d'ailleurs prouvée, qu'il ne faut pas trop tabler sur l'étendue des semis exécutés pour évaluer l'importance probable des récoltes. Il est donc difficile de donner, même approximativement, le montant espéré de la récolte du début de 1917. Les derniers renseignements fournis par les Cercles où les semis ont subis un accroissement considérable, laissent entrevoir que la production atteindra et peut être même dépassera 2,500 tonnes.

Organisation de l'égrenage et de la mise en balle des récoltes.

MATÉRIEL A BRAS — USINES MÉCANIQUES

La graine de cotonnier se compose d'une amande oléagineuse recouverte d'un tégument résistant, lisse ou légèrement feutré, sur lequel s'insèrent les fibres qui constituent le coton commercial. Ces fibres ne représentent que 30 °/₀ environ du poids de la graine complète, mais leur valeur est au moins cinq fois supérieure à celle de l'amande.

Graines complètes ou fibres séparées, ayant un faible poids sous un grand volume, constituent une marchandise encombrante, dont l'exportation n'est avantageuse qu'après compression en balles d'une densité suffisante. Le pressage énergique des graines complètes pouvant occasionner l'écrasement de quelques amandes, par suite la détérioration des fibres, il est préférable d'égrener et d'emballer celles-ci séparément. D'ailleurs, dans les colonies où les moyens de transport sont encore réduits et relativement onéreux, les produits d'exportation doivent être présentés sous la forme qui rend leur expédition la plus facile et la moins coûteuse possible. Les graines de coton étant d'un prix trop faible, pour que leur exportation soit actuellement avantageuse, il est préférable de les délaisser ou, comme on le fait à Bouaké, de les employer pour le chauffage des générateurs de vapeur des usines d'égrenage.

L'organisation de l'égrenage et du pressage du coton joue donc un rôle important dans la production de ce textile. Elle doit être examinée en détail.

** **

Le matériel nécessaire à la préparation du coton récolté à la colonie, a été fourni par l'Association Cotonnière coloniale.

Au début, pendant la période d'essai, des appareils à bras suffisaient. Les premiers utilisés furent 8 égreneuses à 13 scies avec condenseur, qui parvinrent en juillet 1909 et novembre 1910 et furent distribués ainsi : Cercle du Baoulé-Sud (Ouossou, Toumodi, Bonzi) ; Cercle du Baoulé-Nord (Béoumi, Bouaké, Kodiokofi, Tiébissou) enfin Dabakala.

Ces égreneuses qui eurent d'abord beaucoup de succès tombèrent peu à peu dans l'oubli puis furent totalement délaissées. On leur reprochait d'être trop fragiles, d'un réglage difficile, et, lorsque celui-ci n'était pas convenable, de hacher les soies. L'Association Cotonnière consultée, conscilla de leur substituer de petites égreneuses à rouleau. La colonie reçut donc en 1913, dix-huit de ces derniers appareils qui furent répartis entre : Dimbokro (4), Yamoussoukro (3), Koroko (5), Dabakala (2), Bouaké, Darakolondougou, Séguéla et Tafiré.

C'est à l'aide de ces machines que les récoltes rassemblées à Dimbokro et Yamoussoukro en 1913 et 1914 furent égrenées. Partout ailleurs, elles furent plus ou moins utilisées. On constata en effet qu'elles étaient au moins aussi fragiles que les égreneuses à scies, que leur réglage était encore plus délicat et finalement que leur rendement à l'heure en fibres, était beaucoup moins élevé. C'est ainsi qu'à Dimbokro, on n'obtint guère, suivant le degré de propreté et de siccité du coton brut, plus de 12 kilog. 500 à 15 kilog. par jour, alors qu'aux premiers essais de Bouaké (début de 1912), les égreneuses à scies avaient facilement donné 45 à 50 kilogrammes.

Le faible rendement des égreneuses à rouleau provient, indépendamment de leur mode de construction, de l'irrégularité et de l'insuffisance de longueur des fibres du coton indigène. Ce genre d'appareil est en effet construit pour le traitement des longues soies, or, les cotons de la Côte d'Ivoire ne rentrent pas dans cette catégorie, et les meilleurs d'entre eux n'y pourront être admis qu'après leur transformation par une sélection rigoureuse. Tous doivent être actuellement considérés au point de vue du traitement comme des courtes soies. Seules donc les égreneuses à scies, uniquement employées en Amérique, peuvent donner un rendement économique.

D'ailleurs, les constatations faites dans ce même ordre d'idée en 1913 et 1914 à l'usine de Bouaké, avec du matériel actionné mécaniquement, furent en faveur de l'égrenage avec les appareils à scies et, à l'heure présente, les grandes égreneuses à rouleau sont totalement délaissées.

Une enquête faite au début de 1915, prouva nettement que les égreneuses à scies à bras de 1909 et 1910, n'avaient jamais été soumises à des essais sérieux, et que les cotons du Baoulé avaient été trop hâtivement assimilés à des longues soies. La machine de Dabakala, la seule qui restait en service, était au contraire plus appréciée que les égreneuses à rouleau reçues dans ce poste à la fin de 1913. De plus, les autres machines du même type retrouvées dans différents postes, remontées et facilement remises en état, donnèrent à Dimbokro et Yamoussoukro des résultats très satisfaisants. Sans leur concours, les récoltes de 1915 rassemblées dans ces deux centres n'auraient pu être traitées en temps voulu avec les égreneuses à rouleau. Cette année encore, elles ont été seules employées à Dimbokro tant que la nouvelle usine ne fut pas en état de fonctionner.

Devant ces résultats les commandes d'égreneuses à rouleau furent complètement suspendues et de nouvelles machines à scies plus fortes (16 scies au lieu de 13) et plus solides que les précédentes, furent mises en service au début de l'année courante. Les constatations faites jusqu'à présent leur sont très favorables. A Séguéla, elles ont donné plus de 70 kilog. de fibres par jour. (Au Congo belge 10 kilog. par heure de travail).

Le pressage du coton n'a jamais donné lieu aux mêmes difficultés que l'égrenage. Les presses à bras à levier articulé, fournies par la maison Morane de Paris, ont toujours donné d'excellents résultats. Elles permettent de confectionner rapidement, des ballots parallélépipédiques, de $0^m60 \times 0^m80 \times 0^m40$ pesant 28 à 30 kilog., facilement transportables à tête d'homme et dont la densité est à peine inférieure à celle des balles de 250 kilog. préparées avec l'appareil hydraulique de l'usine de Bouaké. Les frais d'emballage et de manutention seuls sont très légèrement supérieurs.

*
* *

Lorsque les stocks de coton à égrener dépassent une centaine de tonnes, le faible rendement des appareils à bras ne permet pas un travail suffisamment rapide pour être économique. L'augmentation du nombre des égreneuses ne peut remédier à cet inconvénient ; il faut recourir à l'égrenage avec moteur mécanique.

Aussi dès 1912, l'installation d'une usine fut-elle décidée à Bouaké.

L'Association Cotonnière se chargea de la fourniture du matériel dont elle arrêta la composition comme suit :

1 Hangar métallique démontable ;
1 Moteur à pétrole de 12 chevaux ;
2 Égreneuses à rouleau ;
2 Égreneuses à 60 scies ;
1 Presse hydraulique pour balles de 250 kilogs ;
Une troisième égreneuse à rouleau fut envoyée plus tard.

Tout le matériel fut débarqué à Bassam en septembre et octobre 1912, mais par suite des difficultés inhérentes à l'installation de toute industrie nouvelle, dans une ville coloniale en voie de création et que le chemin de fer atteint à peine (l'ouverture de l'exploitation jusqu'à Bouaké date du 24 janvier 1913), l'usine ne fut prête à fonctionner qu'en juin 1913.

La mise au point des égreneuses, rendue difficile par l'irrégularité et le manque de propreté des cotons travaillés, fut longue et délicate. L'Agent de la Cotonnière, qui dirigeait l'usine, se rendit bientôt compte que les égreneuses à rouleau ne donnaient pas un rendement économique. Elles ne produisaient en effet que 15 à 20 kilogs de fibres nettes à l'heure, tandis que les égreneuses à scies arrivaient à 55 au moins. Or, le coton obtenu avec les premières de ces machines n'acquérait aucune plus value commerciale entraînant l'augmentation de son prix d'achat. Aussi dès septembre 1913, M. Raymond émettait-il cette opinion :

« En résumé, et me plaçant au point de vue égrenage seul,
« mes préférences iraient pour l'instant à la machine à scies,
« en raison du travail plus rapide et moins cher qu'elle
« effectue. Le type à rouleau me paraîtrait celui qu'on adop-
« tera dans l'avenir quand nous aurons à faire à un coton
« plus propre et amélioré par sélection. »

D'un autre côté le fonctionnement irrégulier du moteur à pétrole entraînait des arrêts fréquents dans la marche de l'usine. En outre, la consommation de combustible pour une force de 12 chevaux, atteignait 18 litres par jour, ce qui à Bouaké rendait ce moteur plus onéreux qu'un appareil à vapeur de 20-25 chevaux, chauffant au bois mélangé de graines de coton.

Le remplacement du moteur à pétrole par un autre à vapeur, fut donc décidé en octobre 1914, dès le retour à la colonie de M. le Gouverneur ANGOULVANT. Malheureusement, vu l'impossibilité depuis le début de la guerre, de se procurer du matériel en France, la colonie dut recourir à ses seules ressources et l'installation d'une locomobile à vapeur avec chauffage au bois, ne put être réalisée qu'en fin 1915. Depuis lors, l'usine de Bouaké, où les deux égreneuses à scies sont seules employées, fonctionne normalement.

L'expérience acquise à Bouaké conduisit à demander à l'Association Cotonnière de ne plus envoyer pour la Côte d'Ivoire, comme pour les appareils à bras, que des égreneuses à scies, et, étant donné le faible prix du bois, que des moteurs à vapeur chauffant avec ce combustible.

Par ailleurs, la faible densité de la population des régions cotonnières et le rendement peu élevé de leurs cultures qui obligent à étendre considérablement le rayon d'approvisionnement des usines, amenèrent à limiter la puissance de production de celles-ci. Ces conditions locales ont conduit à l'adoption d'un type d'usine capable de traiter 1.000 tonnes de coton brut au minimum et 1.500 au plus après quelques agencements peu coûteux. Il est ainsi composé :

Une locomobile à vapeur, avec chauffage au bois, d'une force de 20 à 25 chevaux.

2 Egreneuses de 60 scies chacune ;

1 Presse hydraulique pour balles de 250 kilog. ;

Le hangar métallique démontable est remplacé par des constructions en pierre et en bois couvertes en tôles, plus vastes et moins coûteuses.

C'est une usine de ce type qui a été demandée à l'Association Cotonnière pour Dimbokro. Elle fonctionne depuis le premier mai avec l'ancien moteur à pétrole de Bouaké et avec des presses à bras ; la livraison du groupe moteur à vapeur 1/2 fixe et de la presse hydraulique qui lui sont destinés, ayant subi un retard considérable du fait de la guerre. Ces deux appareils sont maintenant parvenus à la colonie et avant la fin de l'année l'usine de Dimbokro sera complètement organisée.

L'Association cotonnière, doit encore envoyer à la Côte d'Ivoire, sur sa subvention de 1915, deux égreneuses à 60 scies, qui serviront soit à augmenter la puissance des deux usines existantes, soit à en amorcer une troisième. Les prévisions de récolte pour 1917 feront adopter sans doute la première solution pour Bouaké, dont une des anciennes égreneuses aurait besoin d'être remplacée.

.
. .

En résumé, la Colonie dispose à l'heure actuelle du matériel suivant :

A. — *Matériel à bras.*

18 égreneuses à rouleau.
5   —   anciennes à 13 scies.
5   —   nouvelles à 16 scies.
4   —   —   (attendues).
14 presses à levier articulées.

Réparti (non compris les 4 égreneuses attendues) conformément au tableau ci-dessous :

STATION	ÉGRENEUSE à rouleau	ÉGRENEUSE à scies	PRESSE à bras	OBSERVATIONS
Bocanda	1	»	1	
Bondoukou. . . .	»	»	1	Pressage capoc.
Dabakala	2	2	2	1 égreneuse à 16 scies.
Darakalalondougou .	1	»	»	
Koroko	5	2	1	Égreneuses à 16 scies.
Ouellé	2	»	1	
Séguéla	1	1	1	Égreneuse à 16 scies.
Toumodi	»	»	1	Pressage capoc.
Yamoussoukro. . .	4	2	1	1 égreneuse à 16 scies.
Dimbokro	1	4 (1)	2 (2)	(1) Transférées à Yamoussoukro. (2) Provisoirement.
Bouaké	»	»	3	1 pour pièces de rechange.

NOTA. — Les égreneuses à rouleau sont à peu près inutilisées, de nouvelles égreneuses à scies viennent d'être commandées.

B. — *Deux usines à vapeur à Bouaké et Dimbokro dont la composition a déjà été donnée.*

Le matériel cotonnier à bras, doit être considéré pour ainsi dire, comme un outillage d'avant-garde réservé aux régions où la culture est encore peu développée ou à celles qui, en raison de leur éloignement des grandes voies de communications actuellement établies, ne peuvent posséder d'usines du type Dimbokro.

L'emplacement des stations secondaires et la composition de leur matériel peuvent donc varier fréquemment. Néanmoins, l'augmentation de la production dans certaines régions permet déjà d'entrevoir celles d'entre elles qui présentent le plus d'avenir. M. le Gouverneur ANGOULVANT, songeait d'ailleurs à installer dès cette année, avec le concours de l'Association Cotonnière, des usines genre Dimbokro, à Yamoussoukro, Séguéla, et Koroko. Malheureusement, l'énorme augmentation du prix du matériel et du tarif des frêts rendent cette organisation impossible à réaliser. L'emploi du matériel en service devra donc être réglé de façon à permettre l'égrenage et le pressage des récoltes escomptées, sans le secours de nouveaux appareils.

Les 4 égreneuses à bras attendues, iront à Dabakala, Koroko, Mankono et Séguéla. Une presse en réserve à Bouaké sera affectée à Mankono.

Les égreneuses portatives de Dimbokro seront prochainement envoyées à Yamoussoukro. Dès la fin de l'égrenage de la récolte en cours de traitement à cette station 1 ou 2 appareils à scies partiront pour Zuénoula où, comme on l'a vu, la culture du cotonnier a reçu cette année un commencement d'extension. Le coton de Vavoua pourra être traité à Zuénoula à moins que l'importance du stock qui y sera réuni, ne justifie l'envoi d'une égreneuse de Yamoussoukro, d'où l'on peut, sans trop de difficultés, évacuer la plus grande partie de la récolte locale sur Dimbokro.

L'exploitation des usines est en effet d'autant plus économique que les quantités de coton travaillées approchent de plus près leur puissance de production. Or dans les conditions actuelles de la culture, la majeure partie du district de Yamoussoukro rentre dans la zone d'approvisionnement de Dimbokro. Certains producteurs seront peut-être amenés de ce fait à effectuer de longs parcours, mais par un jeu bien compris de primes à la culture ou au transport, il est possible de leur donner une compensation.

L'égrenage et le pressage du coton n'offrent en définitive que des difficultés faciles à résoudre. Le matériel approprié aux besoins locaux existe couramment dans l'industrie, son acquisition n'est qu'une question d'argent et son emploi une question d'organisation. On verra plus loin que la production du coton se présente sous un aspect très différent.

Organisation de l'achat du coton brut et de la vente du coton égrené.

Production ancienne et d'une importance relative parceu'indispensable à l'homme, le coton est malgré tout à la Côte d'Afrique un article de commerce général assez peu rémunérateur pour le cultivateur. De son côté l'exportateur ne l'achète s'il ne dispose d'un matériel d'égrenage et d'emballage coûteux, dépense qu'il hésite toujours à faire, tant qu'il n'a pas la certitude d'acquérir à un prix assez bas les quantités de matières suffisantes pour lui permettre de réaliser un bénéfice convenable. Ces intérêts opposés forment un cercle vicieux que seul un organe puissant et désintéressé peut rompre. Ce rôle peut être rempli, soit par une entreprise privée, société d'encouragement et de propagande comme l'Association Cotonnière Coloniale, coopérative ou syndicat agricole indigène, ou bien, à défaut, par le Gouvernement de la colonie lui-même.

Cette situation compliquée, n'est pas spéciale à la Côte d'Ivoire et aux autres colonies françaises, elle existe aussi dans les possessions des nations étrangères, et c'est pour y faire face que par exemple, la puissante British Cotton Growing Association, s'est créée en Angleterre.

Installée d'abord, au Haut-Sénégal et Moyen Niger et au Sénégal, l'Association Cotonnière française prit dès le début à sa charge toutes les opérations relatives au commerce et à l'exportation du coton. Au Dahomey, elle provoqua la création de la Société le Coton Colonial, qui remplit le même rôle. Dernière venue, la Côte d'Ivoire n'a pu bénéficier de la même organisation et le Gouvernement de la Colonie, bien que secondé par l'Association Cotonnière, a dû intervenir activement et même faire acte de commerce, pour assurer l'écoulement des récoltes.

*
* *

Les exportations de coton n'ont débuté qu'après la mise en marche de l'usine de Bouaké, en 1913. Cependant au début de 1912, un petit lot de près de 6 tonnes de coton fut acheté et égrené à Bouaké avec un appareil à scies à bras, pour fournir les semences nécessaires à l'extension des cultures.

Lorsqu'il s'agit d'assurer le fonctionnement de la nouvelle usine, l'Association Cotonnière qui avait fourni tout le matériel et payait la moitié de la solde de son représentant,

sur la subvention accordée par le Parlement, avait épuisé
ses disponibilités. Le Service local se vit dans la nécessité
de prendre à sa charge tous les frais d'exploitation et
notamment d'acheter lui même le coton aux producteurs. Il
fut ainsi conduit à prendre sous son contrôle direct, la
gérance de l'usine, assurée par l'agent de la Cotonnière, dont
il payait d'ailleurs la seconde moitié des émoluments. Un
réglement fut élaboré pour le fonctionnement de l'usine. Il
prévoyait entre autres dispositions, le travail à façon suivant un tarif spécial, du coton apporté par les particuliers.

*
* *

Poursuivant un but désintéressé, exempt de préoccupa-
tions commerciales, n'ayant d'autre objet que celui d'encou-
rager le développement d'une culture nouvelle, l'Administration locale qui par ailleurs avait dû exercer une pression
sur les indigènes pour les amener à augmenter la superficie
de leurs champs, devait payer le coton un prix permettant
de donner aux producteurs une rémunération aussi élevée
que possible.

Etant donné les cours pratiqués sur les marchés locaux
et l'étendue de la zone d'approvisionnement de l'usine, il fut
convenu dès les premiers achats de 1913, que les centres de
productions seraient répartis entre deux divisions concen-
triques à Bouaké, l'une intérieure au tarif de 0, 25 le kg.
l'autre extérieure de 0, 28. C'est dans ces conditions que
furent achetées les 120 tonnes formant la première récolte.

Il va sans dire que le coton acquis de la sorte restait la
propriété de la colonie. Mais celle-ci n'ayant pas trouvé
acquéreur dans le commerce local, fut dans l'obligation de
recourir à l'intermédiaire de l'Association Cotonnière, pour
la vente en France.

L'année suivante, les commerçants intéressés par l'importance croissante des récoltes et escomptant la possibilité de
réaliser un gain par des opérations sur le coton, mani-
festèrent l'intention d'acquérir les récoltes brutes et de les
faire travailler à façon par l'usine administrative.

Un arrêté fut donc pris le 27 avril 1914, qui établit les
tarifs suivants :

1° La tonne de fibres égrenées, pressées et emballées,
livrable à l'usine...................... 135 francs ;

2° Pressage et emballage seuls par balles
de 250 kilog. environ.................... 10 francs.

De plus, afin de permettre aux producteurs d'écouler leur
coton dans les meilleures conditions possibles, les récoltes
de chaque village réunies en convois, arrivèrent toutes les

semaines à Bouaké, où elle donnèrent lieu à une vente aux enchères publiques sur une mise à prix correspondante au tarif de zone. Le prix d'achat était payé directement, après contrôle du poids, au producteur par l'acquéreur. Les lots qui ne trouvaient pas preneur étaient acquis par l'Administration.

* *

Les achats se poursuivirent suivant le même système en 1915. Au milieu de l'année cependant, les exportateurs incertains des cours et influencés par les perturbations apportées par la guerre au commerce, s'abstinrent de participer aux adjudications, de sorte que l'Administration dut, par la force des choses, acquérir la majeure partie de la récolte.

En 1916 au contraire, les cours du coton ont subi une hausse importante, et le commerce qui suit assiduement les adjudications est preneur de la totalité de la récolte. De son côté l'administration, par suite du renchérissement considérable du matériel d'emballage, a dû par arrêté du 13 janvier, porter les deux tarifs de travail de l'usine, respectivement à 140 et 12 fr., et même le 3 juin à 165 et 15 francs.

D'autre part pour assurer le fonctionnement plus économique de l'usine de nombreuses modifications viennent d'y être apportées. Le meilleur rendement des machines permet d'augmenter l'étendue de la zone d'approvisionnement, ce qui d'ailleurs est nécessaire pour parer à la pénurie de matériel à bras. Mais comme conséquence il est juste de donner aux producteurs des points les plus éloignés une rémunération en rapport avec la durée de leur déplacement. On a donc mis à l'essai un nouveau mode d'achat.

Tout le coton, quelle que soit son origine est mis vente au prix minimum de 0 fr. 30 le kilog. Sur le prix atteint à l'adjudication 0 fr. 25 sont immédiatement payés au producteur, tandis que le surplus est versé à un compte spécial d'attente tenu à l'administration du cercle. La récolte terminée, tous les producteurs et leur lieu d'origine étant connus, le montant total du compte d'attente est, suivant son importance, réparti entre les intéressés d'après une échelle de prime de 1, 2, 3, 4, 5... centimes par kilog de coton apporté, dont les degrés correspondent à un nombre égal de zones kilométriques.

Ce système d'achat, permet une rémunération plus juste de l'effort produit par chacun, que celui des deux zones fixées d'avance et sans connaissance du montant même approximatif de la récolte. Il permet aussi d'éviter les spéculations qui pourraient se produire aux enchères sur des mises à prix différentes d'après la zone de provenance. Il a par contre l'inconvénient de nécessiter des écritures administratives supplémentaires. L'expérience de cette année permettra, il faut l'espérer, d'apporter certaines simplifications à la tenue de ce compte spécial, sans contrevenir aux exigences de la comptabilité publique. La création de coopératives et de syndicats agricoles serait sans doute la meilleure solution de cette question.

Quoiqu'il en soit, pour ce premier essai, le montant des sommes versées au compte d'attente de Bouaké a permis de fixer la prime zonaire de transport à un peu plus de 2 centimes, et, de payer tout le coton de la récolte 1916 apporté à l'usine au taux réel de 0,27, 0,29. 0,31, 0,33, 0,35, 0,37, 0,39, 0,41 le kilog. suivant les 8 divisions de 25 kilomètres de rayon propre, proportionnelles à l'éloignement des lieux de production, et cela en mettant tous les producteurs à l'abri des fluctuations passagères des cours.

Le jeu de ce système de primes donc en réalité constitue une véritable opération de mutualité agricole, que les conditions toutes spéciales de la production rendaient obligatoire.

*
* *

Dans les stations munies d'appareils à bras, tout le coton a été acheté par l'Administration et le système des zones a été appliqué autant qu'il a été possible de le faire.

Le système d'achat inauguré à Bouaké va être mis en vigueur à Dimbokro pour la récolte 1917.

Le tableau ci-dessous donne les prix payés pour le kilog de coton dans les stations et à Bouaké, pour les années 1913 à 1916 inclus.

Prix d'achat du coton brut.

ANNÉES	BOUAKÉ	DIMBOKRO	Yamoussoukro	DABAKALA	KOROKO
1913. .	0 24				
1914. .	0 25, 0 28	0 30	0 20, 0 30		0 25, 0 75(*)
1915. .	0 25, 0 26	0 30, 0 90(*)	0 20	0 24	
1916. .	0 30 en janvier et mai. 0 36, 0 34, 0 40, 0 39 en juillet. 0 36, 0 34, 0 35, 0 36 en août.	0 25, 0 28, 0 30 toute l'année.	0 25 toute l'année.	0 24 en janvier et mai. 0 25 en août	0 25, 0 26, 0 27, 0 28, 0 29, 0 30, toute l'année.

(*) Coton égrené.

Bouaké : 1913 et 1914 achats par le service local ; 1915 et 1916 adjudications publiques.

Tous les autres postes ; Achats par le service local ; Dimbokro 3 zones fixes ; Koroko 6 zones fixes.

Ces prix sont supérieurs à ceux payés au Dahomey, 15 à 25 centimes et au Haut-Sénégal et Niger, 16 à 25 centimes à San et Koutiala, 25 à Kayes (début 1916).

*
* *

Le coton égrené et pressé en balles, sauf celui de l'égrenage 1913 et quelques lots de 1914 appartenant au service local et vendus au Havre par l'intermédiaire de l'Association Cotonnière, a été mis aux enchères publiques à Bouaké et à Dimbokro. Les prix atteints aux diverses adjudications sont les suivants (par 1.000 kilog.).

Prix de vente de coton égrené et emballé.

ANNÉES	DATES	HAVRE	BOUAKÉ	DIMBOKRO
1913	Juillet	1.772 »		
1914	Juillet	1.860 »		1.260 »
1915	Décembre...		(1)1.325ᶠ 1.350ᶠ(2)	1.501 »
1916	1ᵉʳ Avril			1.380 »
	1ᵉʳ Mai......			1.420 »
	31 Mai......		1.526 »	
	1ᵉʳ Juin			1.561 »
	1ᵉʳ Juillet...			1.590 »
	3 Juillet....		(1)1.611ᶠ 1.621ᶠ(2)	
	28 Juillet....		1.610 »	
	8 Août.....		1.656 »	
	22 Août.....		1.666 »	
	7 Septemb..			1.652 »
	15 Septemb..		1.662 50	
	15 Octobre ..		1.700 »	

(1) Coton fauve. (2) Coton blanc.

Nota. — *Tarif des transports :* Lagune, 10 francs par tonne ; Droits Wharf, 10 francs la tonne ; Transport par mer, 30 francs le mètre cube (avant la guerre) ; 100 francs environ pour Le Havre, 110 francs pour Marseille, avec majoration de 25 % pour surtaxe de guerre (1ᵉʳ novembre 1916) ; Chemin de fer (P. V. nº 2, 4ᵉ catégorie) : Bouaké (316 kilom.), 28 fr. 50 la tonne ; Dimbokro (183 kilom.), 20 fr. 05 la tonne, par expédition d'au moins 2 tonnes.

Quant aux exportations annuelles elles s'élevèrent en 1912, à 0 kilog.; 1913, à 18.221 kilog.; 1914, à 73.436 kilog.; 1915, à 94.840 kilog.; 1916, à 204.790 kilog. fin septembre.

La récolte effectuée permettra d'atteindre une exportation d'environ 350 tonnes pour l'ensemble de l'année. Il est intéressant de rapprocher ce chiffre de celui des exportations totales de l'A. O. F. qui en 1913 dépassaient à peine 300 tonnes.

De l'examen fait par un courtier du Havre sur des cotons achetés à Bouaké par une Société Commerciale de la Colonie, il résulte que :

Les fibres du coton indigène sont peut-être plus irrégulières, mais certainement plus longues que celles des « Middlings américains » de qualité courante ; par contre elles sont dépréciées par rapport à ces dernières, par des taches de couleur jaunâtre et par des petits boutons de coton mort qui constituent un déchet pour la filature.

Les fibres de la Côte d'Ivoire, sont nettement supérieures à celles du Togo, mais celles-ci paraissent un peu plus blanches et plus brillantes.

L'extrait ci-dessous de la correspondance de la même maison contient des indications intéressantes sur la valeur et l'avenir de nos cotons indigènes :

« *En outre, il résulte de nos conversations avec ces*
« Messieurs que le coton de l'Afrique occidentale en général
« *et le vôtre en particulier, est désormais suffisamment*
« connu des filatures, que son placement ne présente aucune
« *difficulté et c'est là un point très intéressant.*

« Votre premier envoi en particulier a été très apprécié
« et nos consignataires nous disaient que si la Côte d'Ivoire
« pouvait au point de vue de la longeur de la fibre maintenir
« le type des 26 balles que vous nous avez expédiées en
« juillet dernier, votre sorte serait assurée de faire régulière-
« ment trois ou quatre francs de prime sur le « Middling »
« qui est le type courant du coton américain. »

. . . .

« Sans doute les prix actuels sont hors de proportion
« avec ceux pratiqués avant la guerre et il ne faudrait pas
« se baser sur eux pour apprécier l'avenir de la culture du
« cotonnier en Afrique occidentale ; néanmoins il y a de
« grandes chances pour qu'ils se maintiennent sinon inté-
« gralement du moins en grande partie tant que la guerre
« durera et après il est très probable que pendant des années
« les cours se maintiendront à un niveau bien supérieur à
« l'ancienne moyenne ».

Essais culturaux et tentatives d'amélioration
des variétés indigènes.

La partie la plus délicate, la plus complexe, en même temps que la plus importante de la question cotonnière, dont elle est en réalité la pierre de base, est l'étude agricole du cotonnier. N'ayant été qu'à peine effleurée à la Côte d'Ivoire, elle ne peut-être abordée qu'avec une extrême prudence, aussi ne sera-t-elle examinée que dans ses grandes lignes et très succinctement, sans qu'il en soit tiré aucune conclusion définitive. Le contraire serait pour le moins prématuré.

L'ouvrage de M. YVES HENRY « *La Culture pratique du Cotonnier* » débute par le passage suivant :

« La première préoccupation du planteur réside dans le « choix de la variété qu'il doit cultiver.

« Qu'il désire faire de la sélection, du croisement, ou la « culture dans un pays neuf, il devra être informé des « qualités propres des nombreuses variétés culturales exis- « tantes, afin de les utiliser au mieux de ses projets. « Certaines de ces qualités ou caractères sont le résultat du « mode de culture et de la sélection qui leur ont été « appliquées en vue de les exagérer et d'en faire la caractéris- « tique, telles que la productivité, le pourcentage en fibres, « la précocité, la forme et la disposition des capsules sur la « plante, etc.. etc... Elles sont pour ainsi dire accidentelles « disparaissent assez rapidement dès que les causes qui les « ont fait naître cessent d'agir.

« D'autres, au contraire sont fondamentales et perma- « nentes, elles sont l'apanage du type botanique auquel « appartiennent les diverses variétés soit à titre de caractère « spécifique, soit à titre d'aptitude. »

Or, ce que nous savons des types indigènes, ne permet d'en considérer aucun comme véritablement fixé ; les hybridations et mutations sont nombreuses et continuelles. Néanmoins de ce fatras il est possible de distinguer quelques types culturaux principaux autour desquels gravitent des formes mal définies et variables suivant les circonstances.

*
* *

En 1912 déjà, on avait dans le lot égrené à Bouaké, commencé un premier triage qui consistait à séparer les graines lisses des graines feutrées, de façon à pouvoir distribuer les premières aux indigènes.

En 1913, M. RAYMOND, agent de la Cotonnière, qui fut chargé de poursuivre des essais culturaux, distinguait à côté de la sorte à graines lisses et indépendantes, qu'il rattachait à l'espèce *G. Barbadense* (?), une autre à graines lisses en rognons qu'il considérait comme un hybride de la première.

D'autres constatations faites en 1914, à Bouaké par M. RAYMOND et M. le Sous-Inspecteur d'Agriculture THILLARD, permirent d'établir deux autres formes principales : l'une à graines lisses et feutrées agglomérées et l'autre à graines isolées garnies d'un duvet tantôt vert, tantôt blanc.

Dans la pratique aucun de ces types n'est cultivé séparément et dans l'ensemble d'une récolte ils existent tous en mélange ; certains indigènes prétendent aussi que le feutrage est une conséquence de la sécheresse. Quelques régions cependant possèdent un type dominant ; celles de Zuénoula et Béoumi le coton rognon, celle des Soundos celui à graines lisses et séparées, etc... mais aucun n'est à l'état pur. Ainsi, dans un lot du Soundo, pour obtenir 4 kilogrammes de graines complètement lisses, M. THILLARD dut en examiner 20 kilogrammes de brutes.

En définitive les constations faites jusqu'à ce jour permettent de distinguer les formes suivantes :

Graines indépendantes... { lisses / vêtues .... { duvet blanc. / duvet vert.

Graines en rognon (vêtues ou non).

Dans ces déterminations il est fait abstraction, pour les raisons données, des noms indigènes et seul l'organe le plus important au point de vue pratique et aussi le plus facile à observer, la graine, a été utilisé.

On ne peut encore préciser à quel espèce botanique du genre Gossypium se rattache chacune des formes ci-dessus.

Le coton rognon offre beaucoup de parenté avec *G. péru-vianum* ; quant aux autres ils peuvent se rattacher à *G. hirsutum* et à *G. arboréum*, mais moins probablement à *G. barbadensé*.

Des essais culturaux seuls, peuvent permettre de déterminer si les caractères des formes ci-dessus énoncées sont héréditaires et par conséquent distinctifs de variétés culturales fixées. Ce fut l'objet des essais commencés à Bouaké, mais que les circonstances n'ont malheureusement pas permis de conduire avec la technique et la continuité de vues désirables.

En 1913, M. Raymond cultiva en comparaison le coton à graines lisses et indépendantes et le coton rognon, mais sans donner de renseignements précis sur la transmission héréditaire des caractères de chacun et par conséquent sur la fixité des types cultivés.

Ces essais entrepris sur de petites parcelles cultivées de différentes façons, donnent principalement des indications sur l'allure de la végétation de chaque type et sur le rendement en coton brut, bien que ces derniers chiffres soient rapportés à l'hectare par multiplication, ce qui est une cause d'erreurs. Ils font ressortir la supériorité du « graines lisses » sur « le rognon » qui a donné au maximum 240 kilog. de coton brut, contre 320 kilog. pour le premier. A l'égrenage les résultats ont été aussi en faveur du « graines lisses » 36 % de fibres contre 33 %.

M. Raymond concluait à la multiplication du « graines lisses et indépendantes » comme étant le plus avantageux.

En 1914, un Sous-Inspecteur d'agriculture ayant pu être affecté à Bouaké, les essais de culture furent repris sur les bases suivantes :

1° Essai de culture des types de cotonniers indigènes déterminés d'après les caractères extérieurs de la graine, en vue de l'étude de la permanence de ces caractères, de leur valeur respective comme élément distinctif de variété ou de race et de leur corrélation avec les diverses particularités des autres organes végétatifs.

Ces essais ne devaient porter que sur des petites parcelles ensemencées avec des graines présentant aussi complètement que possible les particularités des formes ci-dessus énumérées.

2° Etude culturale du cotonnier dans la région de Bouaké, entreprise concurremment avec *l'amélioration* par voie de *sélectionnement global* des graines du type dit à « graines

lisses et indépendantes » ayant donné le meilleur rendement en culture et à l'usine en 1913.

Pour répondre à un besoin immédiat il fallait, en effet,
travailler sans retard à l'amélioration du type le plus
apprécié, s'efforcer d'augmenter son rendement cultural, son
homogénéité et son aire de culture.

Cet essai occupait 2 hectares, afin de permettre de donner
aux calculs de rendement une plus grande valeur pratique.

3° Etude des variations spontanées et commencement par
le moyen de la *sélection pédigrée* de la formation d'une ou
de plusieurs variétés ou races de cotonnier adaptées au
milieu spécial (sol, climat, etc...) du Baoulé-Nord.

Le point de départ du premier essai fut *un pied de
cotonnier* à graines lisses et indépendantes, particulièrement
vigoureux, dont *toutes les graines* furent soigneusement exa-
minées, reconnues totalement exemptes du moindre duvet,
garnies de fibres homogènes, soyeuses et résistantes.

La mobilisation d'août 1914, ayant entraîné le départ
de M. THILLARD, les essais furent continués par l'agent
de l'Association Cotonnière M. RODIER. Malheureusement,
la sécheresse exceptionnelle de 1914, — il ne fut recueilli
que 283 $^{m/m}$ d'eau de mars à décembre, — entraîna la perte
totale des essais 1 et 3. L'essai n° 2 put donc être le seul
mené jusqu'au bout, mais en plus du manque de pluies, il eut à
souffrir des dégâts causés par des punaises et vers de la capsule.

Le rendement à l'hectare n'atteignit que 235 kilog. de
coton brut. Les caractères de la graine furent bien conservés
et après triage des fibres mortes et jaunes l'égrenage ne
donna que des graines lisses ; dans l'ensemble il s'est
trouvé une graine agglomérée et un très petit nombre de
graines présentant une indication de houppe à une extrémité.

Le rendement à l'égrenage fut de 30 % en fibres ayant
une longueur moyenne de 25-26 m/m et une bonne résistance.

La même série d'essai fut reprise en 1915. Les conditions
climatériques furent plus favorables que celles de l'année
précédente, malgré une période de sécheresse en juillet qui
porta préjudice aux semis effectués après la fin de mai.
La hauteur totale des pluies pendant l'année atteignit
1062 m/m.

Les rendements du « graine lisse » s'élevèrent à l'hectare
à 345 kilog. et à l'égrenage à 32 % de fibres ayant 25-26 m/m
de longueur. Les caractères de la graine se maintinrent bien
et le feutrage fut exceptionnel.

Les autres champs ne donnèrent pas de résultats intéres-
sants la levée fut mauvaise et seul le coton à graines agglo-

mérées arriva à maturité. Le rendement à l'égrenage ne fut que 29 % de fibres d'une longueur moyenne de 22-25 m/m.

Les essais de 1916 portent uniquement sur du « graines lisses et indépendantes » multiplié en vue de la distribution de *semences aussi uniformes que possible* aux indigènes.

Au point de vue de la végétation et de la culture de ce type, l'expérience acquise par les essais précédents, montre qu'il y a avantage à effectuer des semis précoces, antérieurs à juin autant que possible, pour éviter les effets de la petite période sèche fréquente en juillet. Il faut naturellement se guider sur l'apparition et la fréquence des pluies. La floraison débute en septembre et la récolte se poursuit de fin novembre à début avril, quelquefois même plus tard, si les pluies n'occasionnent pas la chute du coton sur le sol.

Ce type de coton peut être bisannuel, mais la seconde récolte est toujours plus faible que la première, le rendement en fibres est moins élevé et les soies sont plus irrégulières.

Aucun parasite grave du cotonnier n'a été signalé jusqu'à présent. Toutefois les punaises et vers des capsules causent des dégâts très appréciables au moment de la récolte. La maladie de la chute des capsules et celle de la frisure des feuilles sont aussi assez fréquentes.

* *

En définitive les essais culturaux sommaires entrepris jusqu'à ce jour ont fait ressortir les points suivants, qui sont spécialement applicables au Baoulé et plus particulièrement à la région de Bouaké :

1° Supériorité, apparente tout au moins, du type à graines lisses et indépendantes.

2° Classement de ce type dans la catégorie des courtes soies (limite des moyennes soies).

3° Faiblesse du rendement à l'hectare des cultures indigènes ou effectuées à la mode indigène ; 350 à 400 kgs. de coton brut peuvent être actuellement considérés comme un maximum et les rendements moyens oscillent de 275 à 360 kilogrammes.

4° Influence de la mauvaise répartition des pluies et des périodes de sécheresse qui nuisent beaucoup à la végétation du cotonnier et peuvent réduire l'importance des récoltes d'une façon considérable.

Le faible rendement du cotonnier en culture indigène, faisait émettre à M. RAYMOND à la suite des essais de 1913, l'opinion que la production du coton ne pouvait réellement devenir intéressante qu'avec l'emploi des procédés européens de culture.

D'autre part, le régime des pluies étant l'élément le plus important du succès, l'irrigation peut devenir nécessaire pour remédier aux accidents causés par les périodes de sécheresse. Dans ce cas il faut retenir que les longues soies paient mieux l'eau d'irrigation que les courtes soies par suite de leur prix plus élevé.

La région cotonnière de la Côte d'Ivoire, ne se prête généralement pas à la culture irriguée aussi bien que le Sénégal, le Haut-Sénégal Niger et la Guinée, mais en culture ordinaire, grâce à la plus grande humidité du climat, les courtes soies peuvent donner des résultats meilleurs qu'au Soudan. C'est d'ailleurs ce qui est déjà constaté pour ce qui concerne la qualité et le rendement des fibres qui est seulement de 25 % au Haut-Sénégal et Niger. Dans ces mêmes régions les plus forts rendements obtenus par l'Association Cotonnière, en culture indigène, sont de 267 kgs à l'hectare et la moyenne est de 200.

Enfin, dans la zone sylvestre sur les terres riches provenant de débroussements forestiers récents, les longues soies peuvent peut-être donner des résultats appréciables. Mais dans ces régions les cultures arbustives étant toujours pour l'indigène d'un rendement avantageux il est peu probable qu'ils adoptent la culture du cotonnier.

Ce ne sont là toutefois que des hypothèses qui demandent à être vérifiées au moyen d'expériences sérieuses, dirigées par des gens compétents, et entreprises sur des surfaces d'une étendue suffisante, pendant la période de temps nécessaire, pour écarter l'influence des différences de terrain et des variations annuelles de climat.

A ce propos, il est bon de noter qu'à Tamale en Gold-Coast, les essais de la « British cotton growing association » et du Gouvernement anglais n'ont pas donné de résultats très satisfaisants. D'autre part en Nigeria, la culture du coton a pour ainsi dire fui devant le rail, qui permet aux indigènes de se livrer à des genres de production moins ingrats que celle du coton, et que seul le manque de moyen de communications économiques arrêtait dans leur développement ; elle n'est plus aujourd'hui prospère que dans le Nord de la Colonie. Par contre, les essais entrepris au Congo belge, sur le chemin de fer de Matadi notamment, ont donné des résultats très encourageants.

En résumé, le principal résultat pratique obtenu jusqu'ici au point de vue cultural à la Côte d'Ivoire, est d'avoir dégagé le type à graines lisses indépendantes et de tendre à généraliser sa culture au Baoulé, dans le but d'uniformiser le plus possible et le plus rapidement possible la composition des récoltes, et de créer en quantité quelque peu importante une sorte commerciale pouvant être connue et appréciée en France. Quant à ce qui concerne la *sélection proprement dite des formes indigènes* ou leur amélioration par hybridation et le perfectionnement des méthodes de culture, tout reste encore à faire. Ce n'est pas la besogne la moins considérable et la plus facile. Elle ne pourra être entreprise que dans des stations d'études, organes nécessaires pour permettre de dégager et de fixer ou même de créer de toute pièce par hybridation entre une plante indigène et une forme déjà pure, les types les plus avantageux à produire, et comme conséquence de déterminer les méthodes de culture les mieux appropriées au pays. Les résultats obtenus ne pourront être ensuite maintenus que par une observation et une sélection continue des variétés cultivées ; les cotonniers s'hybridant avec une extrême facilité, et étant sujets à de continuelles mutations.

Il faut enfin remarquer que jusqu'à présent on a eu plutôt tendance à faire un type de coton adapté à un genre de machine et donnant le rendement le plus avantageux pour l'acheteur, que de se préoccuper de savoir si la plante productrice était celle qui donnait les résultats les plus économiques pour le cultivateur. D'autre part l'augmentation de la production n'a été encore obtenue que par l'accroissement de l'étendue des cultures, ce qui ne peut être qu'une mesure transitoire d'un effet forcément limité.

Une plante de grande culture n'est parfaite qu'autant qu'elle satisfait au plus haut degré aux trois conditions suivantes :

    1° Adaptation au milieu vivant et non vivant ;
    2° Production de rendements élevés ;
    3° Élaboration de produits de bonne qualité.

La prospérité et la stabilité de la culture du coton ne seront donc définitivement obtenues que le jour où les champs donneront au cultivateur une rémunération suffisante de son travail.

CONCLUSION

Nulle en 1912, l'exportation du coton approcha de cent tonnes en 1915 et la récolte de la dernière campagne permettra de la porter à plus de 350 tonnes en 1916.

Ce résultat est entièrement l'œuvre de l'Administration locale. C'est elle qui, en obligeant les indigènes à étendre leur culture, en organisant l'achat du coton, son pressage et son égrenage, a provoqué les récoltes suffisantes et leur mise sous une forme convenable, pour faire de ce textile un article d'exportation. Toutefois, il faut reconnaître que pour maintenir l'importance acquise par la production du coton et la développer encore, l'action administrative devra continuer à s'exercer avec méthode, vigilance et énergie.

La culture du cotonnier est en effet très ingrate. Elle ne présente, dans son état actuel des avantages que pour les populations qui, pour des raisons climatériques ne disposent pas de ressources plus rémunératrices. Dans ce cas, le coton *égrené* ayant une valeur suffisante pour supporter des transports d'une certaine durée, sa production peut offrir plus d'intérêt, que celle d'autres cultures de moindre valeur intrinsèque mais à rendement très supérieur, que l'éloignement du rail ou le manque d'autres moyens de transports économiques rend difficilement exportables.

De toute façon il faut être persuadé, qu'à la Côte d'Ivoire, dans la situation actuelle de la culture et des modes de transport, les prix payés pour le coton brut sont des minima qu'on ne peut abaisser sans donner aux producteurs une rémunération insuffisante de leur travail. Et, s'il devient nécessaire de diminuer le prix de revient du coton exportable, c'est dans l'organisation des moyens de transports plus économiques et de tarifs d'égrenage réduits, qu'il faudra avant tout chercher la solution.

On est ainsi conduit à conserver aux usines transformatrices, le caractère d'entreprises désintéressées, qui doivent rester entre les mains d'organes neutres tels que, Association Cotonnière, Chambre de commerce, Gouvernement local, Société coopératives ou Syndicat agricole de producteurs indigènes, etc..,

Enfin, en rendant la production obligatoire l'Administration doit faciliter l'écoulement des récoltes à un prix suffisamment rémunérateur pour les cultivateurs, et par suite, conserver le contrôle de la vente du coton en graines.

En définitive l'avenir de la production cotonnière à la Côte d'Ivoire, dépend des améliorations qui seront apportées aux méthodes de culture et permettront de la mettre en harmonie avec les exigences de la consommation mondiale. Nous ne pouvons en effet assister efficacement la Mère-Patrie, si nous ne lui fournissons pas dans les mêmes conditions de qualité et de prix de revient cultural, les produits que vendent nos concurrents étrangers et que notre industrie, par nécessité, devait acheter chez eux.

Or, puisque la propagation du cotonnier dans notre domaine colonial présente un intérêt national indiscutable, la Métropole et les Gouvernements locaux devraient consentir les sacrifices nécessaires pour mettre la question culturale au point. De même, puisqu'en France, on estime que le maintien de la culure du lin et du chanvre justifie la distribution de primes, pourquoi n'adopterait-on pas la même mesure pour le coton dans nos colonies, tant que la mise en valeur du pays ne sera pas assez avancée et la technique culturale assez assise, pour permettre la production dans des conditions d'économie suffisante. Cette idée n'a rien de neuf, elle fut appliquée vers 1820 déjà au Sénégal, mais dans des conditions déplorables. Elle pourrait être reprise sous forme de subvention aux établissements d'études.

L'effort, remarquable par son importance et ses résultats pratiques, qui a été produit à la Côte d'Ivoire, mérite d'être poursuivi et vivement encouragé. Non seulement il s'est traduit par la création de ressources nouvelles dans des régions manquant de produits exportables et par l'introduction sur le marché français, sous une forme dont le commerce local tire profit, de quantités appréciables d'une d'une sorte de coton de qualité courante, mais aussi il a innové en bien des points et fourni une part contributive importante à l'étude de ce problème si complexe mais d'un si considérable intérêt, qu'est la production cotonnière en Afrique occidentale française.

Bingerville, le 15 octobre 1916.

Le Chef du Service de l'Agriculture,

H. LEROIDE.